Fünf Veröffentlichungen

Deutsch

Five Publications

English

Harald Birgfeld

Alle Übersetzungen durch den Autor

All translations by the author

Herstellung und Verlag:
BoD – Books on Demand, Norderstedt
ISBN 978-3-7357-5748-7

Vom Autor, **Harald Birgfeld**, erschienen, neben drei praxiserprobten
Handbüchern:
„Fibel Arbeitsschutz für Hochschulen,….für Kindergärten,….für
Schulen",
Lyrik:
"Auf deiner Reise zum Rande im Rande des Randes der Sonne",
Gedichte,
„Für dich…" Liebesgedichte,
„Gedichte, veröffentlicht in ausgewählten Anthologien, und Namenlos
von meiner Insel, 42 Briefe", Gedichte aus ausgewählten Anthologien,
und ein lyrischer Zyklus,
"…and I said to myself, what a wonderful world", märchenhafte
Gedichte,
„Wo die schwarzen Blätter wachsen", erotische Gedichte? und
„Honigweißer Duft", fantastische Gedichte.

In mindestens 23 Anthologien ist Birgfeld mit Gedichten vertreten.
Harald Birgfeld schrieb seine Gedichte, inzwischen mehr als 12.000
Strophen, überwiegend während der Fahrten in der Hamburger S-Bahn
zur und von der Arbeit.
Von Birgfeld erschien außerdem
Prosa:
„Die Tätowierungen der jungen Tanja W.",

Aus einem Gutachten einer an der Universität Freiburg tätigen
Literaturwissenschaftlerin:
*"Es lohnt sich, einmal einen heutigen Dichter kennen zu lernen, der mit
der deutschen Sprache einen faszinierend fremden Weg betritt und
trotzdem dem Leser Freiraum lässt für eigene Gedankengänge, ohne
dass die Probleme in erhobener Zeigefingermanier zu zeitkritischen
Trampelpfaden werden."*

Autorenkurzvita:
Harald Birgfeld, geb. 1938 in Rostock, lebt seit 2001 in Heitersheim.
Von Hause aus Dipl.-Ingenieur, befasst er sich intensiv seit 1950 mit
dem Thema Zeit, seit 1980 mit Lyrik und Malerei.
Im Internet unter: www.Harald-Birgfeld.de

4

Inhaltsverzeichnis/Content

Theorie und Utopie der eigenen Zeit.
Veröffentlichung, mit Ergänzungen vom 5.5.2009, 18.7.2009
und 3.12.2009.

Harald Birgfeld
XXXXXXXXXXX
XXXXXXXXXXXXXX
Heitersheim, den 25.04.2009
e-mail Adresse: Harald.Birgfeld@t-online.de
im Internet unter: www.Harald-Birgfeld.de

Veröffentlichung:

Dargelegt an einem Beispiel, s. mein Schreiben vom 9.6.08 an das Planetarium Freiburg, c/o Deutsches Elektronen-Synchrotron, DESY und c/o European Organization for Nuclear Research Wissenschaftliche Direktion, CERN, veröffentliche ich heute die Grundsätze meiner Theorie (mit Ergänzungen vom April, Mai, Juli und Dezember 2009):

Theorie der eigenen Zeit:

1) Jedes Ereignis hat eine eigene Zeit.
2) Jedes Ereignis findet in einer eigenen Zeit statt.
3) Ereignisse können nur gleichzeitig sein, wenn es keinen Zwischenraum gibt.
4) Zwischenraum ist die Begegnung mit einer anderen Zeit.
5) Zeit ist die Wahrnehmung eines Ereignisses.

Utopie der eigenen Zeit

6) Ereignis ohne eigene Zeit ist unendlich.
7) Eigene Zeit ohne Ereignis ist ewig.
8) Ereignisse, gleichzeitig und unendlich und ewig, sind z.B. *Schwarze Löcher* und *Tachyonen*.

Harald Birgfeld

Planetarium Freiburg
Vortrag zum Thema:
Die Zeit der Welt
Bismarckallee 7g
79098 Freiburg i.Br.

Harald Birgfeld
xxxxxxxxx,
xxxxxxxxxx,
xxxxxxxxx

Heitersheim, den 9.6.08
e-mail Adresse: Harald.Birgfeld@t-online.de
im Internet unter: www.Harald-Birgfeld.de

c/o
Deutsches Elektronen-
Synchrotron
DESY.
Wissenschaftliche Direktion
Institut für
Experimentalphysik
Luruper Chaussee 149
22761 Hamburg

c/o
European Organization for
Nuclear Research
Wissenschaftliche Direktion
CERN
CH-1211
Genève 23
Switzerland

Sehr geehrte Damen und Herren,
sehr geehrter Autor des Vortrages,

für die Aufgaben, DESY in Hamburg und CERN in Genf, Forschungszentren für Teilchenphysik, interessiere ich mich schon seit Jahrzehnten. Deshalb erlauben Sie mir bitte wenige kritische Anmerkungen. Zu dem Anschauungsbeispiel des Vortrages des Planetariums in Freiburg, „Teetasse fällt zu Boden", einschließlich ihrer „Auferstehung" möchte ich mich nicht weiter auslassen.

Voraussetzung:
Dem Objekt, Kollisionsproton, in einem Teilchenbeschleuniger, können bei einer Kollision mit anderen Kollisionsprotonen etliche Ereignisse nachgewiesen werden.

Behauptung:
Das Kollisionsproton ist nicht das Ur-Proton.

Beweis:
Die Beobachtung der Objekte, Kollisionsprotonen, wird fälschlicherweise auf das Beobachten der Ur-Protonen gelenkt. Kollisionsprotonen und Ur-Protonen sind existentiell verschiedene Objekte. Das Kollisionsproton ist gegenüber dem Ur-Proton schwerer, existiert in einer anderen Zeit und es ist kürzer.

Mein Kommentar:

- Aussagen über Zusammenhänge zwischen Kollisionsprotonen und den Ur-Protonen, durch sogenannte Ereignisse in den Teilchenbeschleunigern bei den Versuchen der Forschungszentren für Teilchenphysik, z.B. DESY und CERN, sind unrealistisch und unbewiesen. *Kollisionsprotonen und Ur-Protonen sind existentiell verschiedene Objekte.*
- In den beschleunigten Kollisionsprotonen vergeht praktisch keine Zeit. Der Beobachter von außen nimmt zwar Ereignisse wahr, diese passieren aber in der Realität der Kollisionsprotonen gar nicht. *Kollisionsprotonen existieren zugleich in mindesten einer anderen Zeit als der Beobachter.*

Mit freundlichen Grüßen,

Harald Birgfeld

Theorie und Utopie der anderen Zeit,
Veröffentlichung vom 25.1.2014

Harald Birgfeld
Heitersheim
Heitersheim, den 25.01.2014

Veröffentlichung

Theorie und Utopie der anderen Zeit.

Dargelegt an einem Beispiel, s. mein Schreiben vom 9.6.08 an das Planetarium Freiburg, c/o Deutsches Elektronen-Synchrotron, DESY und c/o European Organization for Nuclear Research Wissenschaftliche Direktion, CERN, veröffentliche ich heute die Grundsätze meiner 2. Theorie:

Theorie der anderen Zeit.

1. Jedes Ereignis hat eine andere Zeit.

2. Jedes Ereignis findet in einer anderen Zeit statt.

3. Andere Zeiten sind nur gleichzeitig, wenn es keinen Zwischenraum gibt.

4. Zwischenraum ist die Begegnung mit einer anderen Zeit.

5. Andere Zeit ist die Wahrnehmung eines anderen Ereignisses ohne Gleichzeitigkeit.

Utopie der anderen Zeit

1. Andere Zeit kann neben weiteren anderen Zeiten existieren.

2. Andere Zeit kann gleichzeitig mit Zwischenräumen zu weiteren anderen Zeiten existieren.

Veröffentlichung vom 17.4.2011:

Die Zeit der Gleichungen ist vorbei.

Wen interessiert es, dass $E = m\,c^2$ ist. Die Gleichungen selbst bleiben bestehen, aber sie sind behaftet mit einer Globalisierung, die sich im Aufstand gegen den Einzelnen befindet. Die Zeit der Gleichungen bringt keinen Fortschritt mehr.
Wir leben in der Zeit der Planetarisierung. Nicht, dass die Zeit der Gleichungen unglaubwürdig geworden wäre, aber sie ist mehr als ein Jahrhundert alt und muss einer gegenwärtigen Denkgeneration Platz machen. Die Gletscher der Zeit der Gleichungen beginnen zu schmelzen.
Heute sind 14-jährige einem 40-jährigen Opa im Planetarium behilflich, zu verstehen, wie die Helligkeit von Sternen qualifiziert wird und wie wichtig eine Parallaxensekunde in dem Zusammenhang sein kann.
In der neuen Zeit der Planetarisierung kann nur noch allgemein verständliches Wissen die Grundlage für das Verstehen von größten und kleinsten Zusammenhängen sein. Der Hauptgedanke ist das Erkennen der Wichtigkeit von Theorie und Utopie der eigenen Zeit.
Mit dem Erkennen der eigenen Zeit entstehen Gedanken an natürliche Zusammenhänge, die einerseits ein beziehungsfreundliches und damit natürliches Leben ermöglichen können, andererseits aber Tor und Tür öffnen können für schrillste Tyrannei und Diktaturen. Solche Gedanken entspringen einer Überlebensstrategie, die ganz egoistischer Natur ist.

Societ lyrics – was ist das?
Veröffentlichung, 22.02.2010 mit Ergänzungen vom 11.03.2010

Societ lyrics – zeitgenössische Lyrik.

Bei Societ lyrics sollte es sich um sprachlich aufs Äußerste reduzierte Texte, z.B. aus Wort- und Satzfragmenten handeln, die, vergleichbar mit Gegenwartsmalerei oder Gegenwartsmusik, Pole bilden und so einen weiten Assoziationsraum öffnen. Der Autor muss dem Leser einen Freiraum lassen, den dieser selbst füllen kann. Es macht einen eigenen Reiz aus, sich mit solcher Lektüre einer Herausforderung, seinen eigenen Erfahrungen stellen zu können.
Ein Autor darf sich nirgends in leeren Begriffen verlieren. Er muss im Gegenteil versuchen, mit wenigen, doch bewusst oder intuitiv gewählten Stilmitteln, Klangfarben, sparsamen Reimen, persönlichem Sprachrhythmus und überraschenden, vielleicht sogar zeitenlosen bis zeitorientierten Metaphern, die Erfahrung der Sinne in Sprache so umzusetzen, dass etwas Neues entsteht:

Nichts Bemerken Deine Augen Wurden außerhalb Gefangen Stundenlang Verhör	Gestern bin ich Meiner Haut Begegnet Ja, Es ging ihr gut Sie ließ mich Grüßen

---

Begegnungen, Erfahrungen mit Menschen, z.B. Liebe, Schmerz, Trauer, Provokation, Unrecht, Wut und Hingabe, sind Themen, die sich immer wiederholen und ihren Reiz immer beibehalten werden. Den vielfältigen Angriffen der Mediengesellschaft ausgesetzt, wird die Wirklichkeit oft zum unbrauchbaren, weil nicht publicitywirksam inszenierten Foto:

> In seinem Blickfeld trifft
> Kein Bild die Wirklichkeit,
> Kein ungeschminkter Augenblick
> Die Suche nach dem Ungewohnten.
>
> ***Eine Wirklichkeit***

Das Einbringen neuer Stilmittel, z.B. Schachtelung, Wortverdoppelung, Wortwiederholung und Relativierung gehört zum Fortschritt dieser Lyrik. Mit diesen Mitteln sollen im Kopf des Lesers nicht nur Räume und Räumlichkeiten erzeugt werden sondern auch Bewegung. Bewegung wiederum beinhaltet die eigene Zeit des Lesers.
Solche Lyrik zu schaffen ist eines der erstrebten Ziele. So könnte einer Zwei- oder höchstens Dreidimensionalität, nämlich Länge, Breite, Höhe eines Inhaltes, Räumlichkeit, eine vierte Dimension, die eigene Zeit des Lesers und nicht des Autors, hinzugefügt werden, z.B.:

Aufschlag 801

Auf dem
Weg im Weg des Wegs zu meinem
Haus im Haus des Hauses
Hinderte mich neuerdings ein
    übergroßer
Felsen in dem Felsen eines
    übergroßen Felsens,
Und es konnte niemand seinen
Ursprung in dem Ursprung seines
    Ursprungs
Klären, bis ein

Gräber in dem Gräber eines
    Gräbers in der
Tiefe einer Tiefe in der Tiefe
Spuren in den Spuren neuer
    Spuren seines
Wachsens in dem Wachsen
    seines Wachsens fand
Und auch,
Dass er nur wüchse, mir den
Heimweg in dem Heimweg
    eines Heimwegs zu
Versperren.

Societ lyrics sollte in einer besonderer Sprache der Gegenwart, Gefühle ausdrücken: „Societ lyrics ist ein Schnitt ins eigene Fleisch, ist Lust und Leiden vor dem Schnitt, bei dem Schnitt und nach dem Schnitt."

12

Folienbilder, Entstehung,
Veröffentlichung, Heitersheim, den 3.8.2010

Die ersten von mir erdachten Folienbilder waren Illustrationen zu meinen Gedichten. Sie entwickelten sich dann schnell zu selbständigen Arbeiten mit eigenem Anspruch auf Räumlichkeit und Bewegung. Mit den Folienbildern, die Schritte ins Figürliche und ins Nichtgegenständliche zeigen, füge ich der Räumlichkeit, durch Dopplungen und Vervielfachungen, die Bewegung hinzu. Bewegung beinhaltet die Zeit.

Für die Erstellung eines Folienbildes werden benötigt:
- zeichnerischer Entwurf in besonderer Weise aus Figuren, Ornamenten, Phantasiegestalten usw.,
- einseitig metallbedampfte, lichtechte Folien in
- verschiedenen Farben, etwa 16 µ,
- Fotokarton oder festes Papier,
- flüssiger, lösungsmittelfreier Vielzweckkleber,
- Pinsel und Digitalkamera.

Der Entwurf:
Das Zeichnen eines Motives auf Papier, z.B. einer Ballettfigur muss in der Weise erfolgen, dass die Zeichnung eindeutig erkennen lässt, welche Teile später mit dem Cutter herausgeschnitten werden sollen. Die Bestandteile der Figur erhalten deshalb eine Einfärbung mit Bleistift. Alle eingefärbten Teile müssen miteinander in Verbindung stehen. Keines der eingefärbten Teile darf lose, also ohne Verbindung zu einem anderen Teil, vorhanden sein.

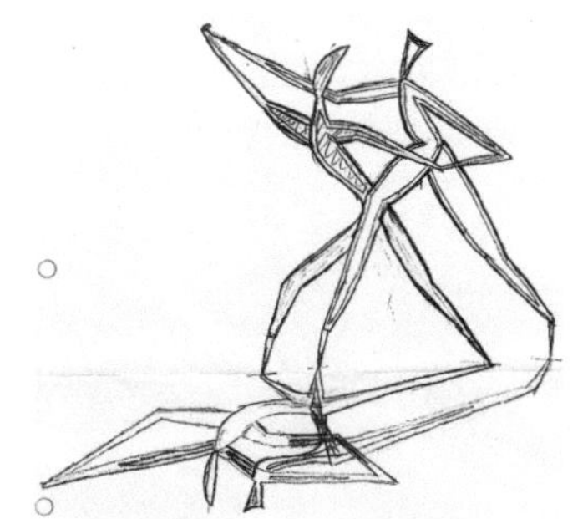

Der Entwurf, Bleistift auf Papier mit eingefärbten Flächen.

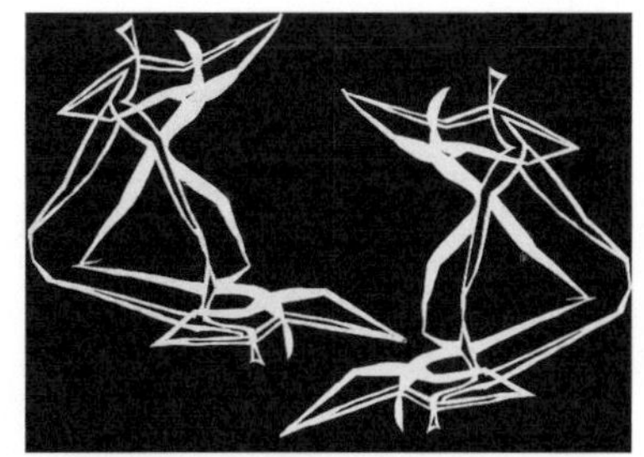

Zwei herausgeschnittene Folienfiguren, zur besseren Sichtbarmachung abgelegt auf schwarzem Papier.

Die Folien:

Die Folien sind Restmengen, die ich von einer Firma erworben habe. Diese Folien sind max. 16 µ (16/1000 mm) dick und werden z.B. zur maschinellen Farbprägung von Schachteln, Etiketten, Labels für Dosen, usw. verwendet. Bei einem solchen Prägevorgang werden Folienrollen verwendet, die bis zu 1,9 m breit sind und in vielen Farben, insbesondere in lichtechten Farben (das ist hier sehr wichtig), Anwendung finden. Die Reste der Rollen haben oft noch bis zu 150 m Folienlänge.

14

Richtige und spiegelverkehrte herausgeschnittene und verklebte Figuren/Ornament auf Fotokarton.
(Illustration zu „Wenn wir uns nicht" aus: Die Zeit der Gummibärchen ist vorbei)
unter:
www.Harald-Birgfeld.de

Das Material: Folien mit den Farben noch oben und nach unten. Zur Ansicht aufgefächert.

Correct and mirror-inverted cut out and stuck together foils figures/ornamentation on photo cardboard. Illustration to „Wenn wir uns nicht" from: Die Zeit der Gummibärchen ist vorbei.

The material:
Foils with the colors still above and downward. To the opinion diversified.

Die Folienfiguren:

Der Entwurf wird auf einen Stapel von bis zu 30 Stück einseitig metallbedampften, lichtechten Folien, gelegt. Diese liegen mit der Farbe abwechselnd nach oben und nach unten. Unter den ganzen Stapel wird eine Papierschicht als Schutz gelegt. Alles wird rundherum mit einem Schnellhefter zusammengefügt, um jedes Verrutschen von Folien und Entwurf mit Sicherheit zu verhindern. Der Entwurf wird nun zusammen mit den Folien freigeschnitten. Dafür beginnt man am besten immer in der Mitte. Es entstehen die Folienfiguren.

Entwurf, rundherum mit
Schnellhefter fixiert.
s. Cellospielerin unter
www.Harald-Birgfeld.de

Draft, all around fixes with
loose-leaf binders,
s: Cellospielerin I –III. under
www.Harald-Birgfeld.de

Entwurf, vergrößerter
Ausschnitt mit gefächerten
Folien.

Draft, increased sector also,
with diversified foils.

Die Folienbilder:

Meine Folienbilder selbst bestehen aus Fotokarton, beklebt mit den einseitig metallbedampften, lichtechten herausgeschnittenen Folien. Zum Aufkleben werden z.B. die spiegelbildlichen Figuren mit der Farbe nach oben gedreht. Die Folien erlauben eine Vielzahl von Möglichkeiten des Zusammenfügens. Dies kann im Entstehen mit einer Digitalkamera festgehalten werden. Auf einem weiteren Fotokarton werden die Positionen der Folien mit Zeichen positioniert. Danach erfolgt das Verkleben Zentimeter für Zentimeter und Schicht für Schicht mit einem Pinsel und dem flüssigen Kleber.

Durch dichtes Verschieben von Folienfiguren gegeneinander und fast völliges Überkleben mehrerer Folien übereinander können Effekte erzielt werden, die Räumlichkeit und Bewegung vermuten lassen.
Ausschnitt aus Bildergalerie: Folien: „Mädchen unter Birken I bis IV",
Die Aufhängung der Folienbilder muss immer unter Glas bzw. Kunstglas erfolgen. (Weitere Beispiele im Anhang ab S. 26 und unter www.Harald-Birgfeld.de).

Heitersheim, den 3.8.2010

Theory and utopia of the own time,
Publication, with additions of 2009.5.5, 2009.7.18 and 2009.12.3
and with corrected break numbering.

Harald Birgfeld
XXXXXXXXXXXXX
XXXXXXXXXXX
Heitersheim, den 25.04.2009
e-mail Adresse: Harald.Birgfeld@t-online.de
im Internet unter: www.Harald-Birgfeld.de

Publication:

Stated by an example, see my letter dated 2008.06.09, to Planetarium Freiburg, c/o Deutsches Elektronen-Synchrotron, DESY and c/o European Organization for Nuclear Research Wissenschaftliche Direktion, CERN, I publish today the principles of my theory (with additions from April, Mai, July and December 2009) :

Theory of the own time.

1)   Each event has an own time.
2)   Each event takes place in an own time.
3)   Events can be only simultaneous, if there is no gap.
4)   Gap is the meeting with another time.
5)   Time is the perception of an event.

Utopia of the own time

6)   Event without own time is infinite.
7)   Own time without event is eternal.
8)   Events, simultaneously and infinitely and eternally, e.g. are
   Black Holes and *Tachyons*.

Harald Birgfeld

<table>
<tr><td>

Planetarium Freiburg
Vortrag zum Thema:
Die Zeit der Welt
Bismarckallee 7g
79098 Freiburg i.Br.
Heitersheim, 08.06.09
e-mail Adresse: Harald.Birgfeld@t-online.de
In the Internet: www.Harald-Birgfeld.de

</td><td>

Harald Birgfeld
xxxxxxxxx,
xxxxxxxxxxx,
x*xxxxxxxx*

</td></tr>
</table>

c/o	c/o
Deutsches Elektronen-	**European Organization for**
Synchrotron	**Nuclear Research**
DESY.	**Wissenschaftliche Direktion**
Wissenschaftliche Direktion	**CERN**
Institut für Experimentalphysik	**CH-1211**
Luruper Chaussee 149	**Genève 23**
22761 Hamburg	**Switzerland**

Ladies and Gentlemen,
very honoured author of the lecture,

in the tasks, DESY in Hamburg and CERN in Geneva, research centers for particle physics, I am already interested for decades.
Therefore you permit me please few critical notes.
For the opinion example of the lecture of the Planetariums in Freiburg, „Tea cup falls to ground ", including their „resurrection ", I would like to omit myself not further.

Condition:
•   Some events can be proven to the object, collision proton, in a particle accelerator, with a collision with other collision protons.
Statement:
•   The collision proton is not the elemental proton.
Proof:
•   The observation of the objects, collision protons, is falsely directed on observing the elemental protons. Collision protons and elemental protons are vitally different objects. The collision proton is opposite the elemental proton more heavily, existed in another time and it is shorter.

My comment:

- Statements about connections between collision protons and the elemental protons, by so-called events in the particle accelerators with the attempts of the research centers for particle physics, e.g. DESY and CERN, are unrealistic and unproven.
Collision protons and elemental protons are vitally different objects.
- In the accelerated collision protons practically no time passes. The observer from the outside namely notices events, but these do not happen in the reality of the collision protons at all. *Collision protons exist at the same time at least in one other time than the observer.*

Yours sincerely,
Harald Birgfeld

Harald Birgfeld,
79423 Heitersheim
Heitersheim, den 25.01.2014

Publication
Theory and utopia of the other time.

(Translation into English by the author)

Stated by an example, see my letter dated 2008.06.09, to Planetarium Freiburg, c/o Deutsches Elektronen-Synchrotron, DESY and c/o European Organization for Nuclear Research Wissenschaftliche Direktion, CERN, I publish today the principles of my

2nd theory:

Theory and utopia of the other time.

Theory of the other time

1.   Each event has another time.

2.   Each event takes place in another time.

3.   Other times are simultaneously only if there is no gap.

4.   Gap is the meeting with another time.

5.   Other time is the percipience of another event without simultaneity.

Utopia of the other time

1.   Other time can exist besides further other times.

2.   Other time can simultaneously exist besides gaps to further other times.

Harald Birgfeld in January 2014.

Publication dated 17.04.2011

The time of equations is past.
Whom does it interest that $E = m C^2$. The equations themselves remain existing, but they are afflicted with a globalization, which is in rebellion against the particular. The time of equations brings no progress anymore.
We live in the time of the planetarization. Not that the time of the equations would have become improbable, but it is more than one century old and must make room for a present thinking generation. The glaciers of the time of the equations begin to melt.
Today 14-years old ones are helpful to a 40- years old Grandpa in the planetarium to understand how the brightness is qualified of stars and how important one parallax second can be in this interrelation.
In the recent time of the planetarization only generally understandable knowledge can be the basis for understanding of largest and smallest relationships. The main thought is recognizing the importance of theory and utopia of the own time.
With the recognizing of the own time thoughts to natural connections develop, which can make on the one hand a relationship-friendly and thus natural life possible, on the other hand however opens the doors for worst tyranny and dictatorships. Such thoughts rise from a survival strategy, which is of completely egoistic nature.

Societ lyrics, what does it mean?
Publication, dated 2010.02.22 with additions of 2010.03.11

Societ lyrics - contemporary lyric.

With Societ lyrics it should act around linguistically texts reduced on the extreme, e.g. out of word- and sentencefragments, which, comparably with present painting or present music, poles to form and so a far association area to open.
An author, has to leave a free space, which can fill the reader. It constitutes itself its own attraction, with such reading of a challenge to be able to place to its own experiences.
An author, may not lose anywhere in empty terms. He has on the contrary try to convert with few, but consciously or intuitively selected style, tone qualities, economical rhymes, personal language rhythm and surprising, perhaps even timeless to time-oriented metaphors, means the experience of the senses in language in such a way that something new develops:

Nothing Notice	Yesterday I met my skin.
Your eyes Became Outside Imprisoned.	Yes, It was so well. It sent me greetings.
Cross-examine for hours.	

Meetings, experiences with humans, e.g. love, pain, mourning, provocation, injustice, rage and devotion, are topics, which always repeat it selves and its attraction are always maintained.
The various attacks of the medium company suspended, the reality often becomes the useless, because publicity-effectively did not produce photo:

In his field of vision
No picture meet reality,
No single made up instant
The search for the unusual one.

A Reality

Bringing in new style means, e.g. nesting, word duplication, repetition of word and relating belongs to progress of this lyrics. With these means not only areas and the premises are to be produced but also movement in the head of the reader. Movement again contains the own time of the reader.

Such lyrics to create is one of my most aimed goals. So a two or at the most three-dimensionality, i.e. length, width, height of a meaning, spatialness, a fourth dimension, the own time of the reader and not of the author, could be added.

Impact 801

On the
Way in the way of the way to my
House in the house of my house
Recently an outsized
Rock in the rock of a rock
Prevented me,
So anybody could not clarify its
    origin
Until there
Men in men in men
Dig in the
Depth of the depth of the depth
    of

Earth in earth of earth
New traces in the traces of the
    traces
Of its
Growing in its Growing of its
    Growing
Found and also
That it only grew,
To block my
Way at home
In way at home
In way at home.

Societ lyrics should express feelings in a special language of the present:

"Societ lyrics is a cut in the own meat, is desire and suffering before the cut, with the cut and after the cut."

Foils pictures, development
Publication
Heitersheim, 2010.08.03

The foils pictures created by me were illustrations to my poems at first. But then however they developed fast to independent work with own requirement on spatialness and movement.
With the foil pictures, which show steps in the figurative and in the not objective. I add the spatialness, by laminations and multiplications, the movement. Movement contains the time.

For the production of foils pictures are needed:
- graphic draft in special way from figures, ornamentations, fantasy shapes etc.,
- one side metal-vaporized, light-genuine foils in
- different colors, about 16 µ,
- photo cardboard or firm paper,
- liquid, solvent-free multipurpose adhesive,
- brushes and digital camera.

The draft:
drawing a motive on paper, e.g. a ballet figure, must take place in the way that the design shows clearly, which parts of it will be cut out later with the cutter. The components of the figure get therefore a dye with pencil. All dyed parts must be located with one another in connection. None of the dyed parts may be loose, thus without connection to another part.
(Examples see beginning on page 31).

The foils:
The foils are residues, which I had acquired from a company. These foils are about 16 µ (16/1000 mm) thick and will be used e.g. for machine color printing of boxes, labels as well as labels for tins etc. During such a printing procedure foils roles up to 1,9 m width are used, and find application in several colors, particularly in light-genuine colors (that is very important in this matter).
The remainders of the roles often have still up to 150 m length of foils (examples see on pages 14 - 16).

The foils figures:
The draft is put on a pile by, light-genuine foils one side metal-vaporized up to 30 pieces. These lie with the color alternating upward and downward. Under the whole pile a paper layer is put as protection. Everything is joined approximately with a loose-leaf binder, in order to prevent each slipping foils and draft with security. The draft is free-cut now together and simultaneously with the foils. But one best begins cutting in the center always. The foil figures develop.
(Examples see on page 26).

The foils pictures:
My foils pictures consist of photo cardboard, pasted with the one side metal-vaporized, light-genuine cut out foils. For gluing e.g. the mirror-inverted figures are turned upward with the color.
The foils permit a multiplicity of possibilities of joining. This can be held in developing with a digital camera. In a further photo cardboard the positions of the foils are positioned with indications. Afterwards sticking centimeter for centimeters and layer together for layer with a brush and the liquid adhesive takes place.

By close shifting of foils figures against each other and nearly complete pasting over several foils one above the other effects can be obtained, which let spatialness and movement assume.
Sektor from Art Gallery: Folien: „Mädchen unter Birken I bis IV"

The suspension of the foils pictures must always take place under glass and/or acrylic glass.

(Examples see beginning with page 26 or
 www.Harald-Birgfeld.de).

Heitersheim, 3rd.8.2010

Beispiele fertiger Folienbilder/
Examples for ready foils pictures

Folienbild: Masken aus Venedig I, 50 x 70 cm

Folienbild: Masken aus Venedig II, 50 x 70 cm

Folienbild: Mädchen unter Birken I, 85 x 120 cm
/Girls under birch trees

Folienbild: Mädchen unter Birken II, 85 x 120 cm

Folienbild: Mädchen unter Birken III, 85 x 120 cm

Folienbild: Mädchen unter Birken IV, 85 x 120 cm

Folienbild/Foils picture: Hamburger Ballett I, 85 x 120 cm

Folienbild/Foils picture: Hamburger Ballett II, 85 x 120 cm

Folienbild/Foils picture: Cellospielerin I, 120 x 85 cm

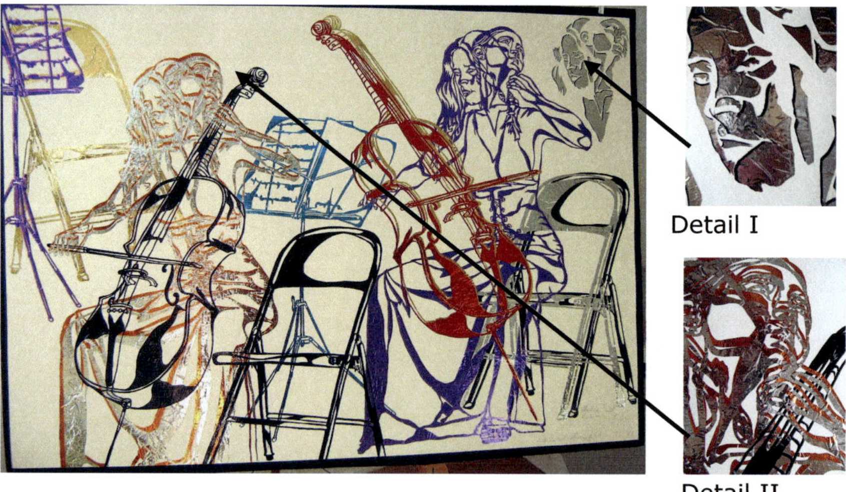

Detail I

Detail II

Folienbild/Foils picture: Cellospielerin II 120 x 85 cm

Entwürfe für/drafts for:
Cellospielerin/violoncellist, Mädchen unter Birken/
Girls under birch trees und/and Hamburger Ballett

Cellospielerin/violoncellist

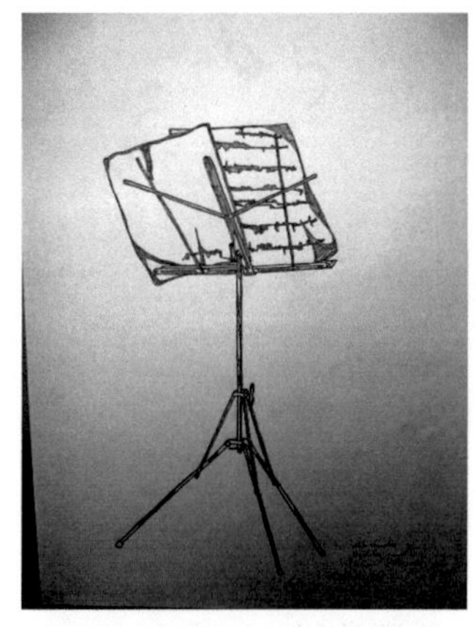

Notenständer/music stand

Mädchen unter Birken

Mädchen unter Birken

Entwurf für/draft for: Hamburger Ballett